上冊

孩子必讀的成語故事

畫說經典

書香版業圖書工作室／編

中華教育

目錄

望梅止渴

畫龍點睛

一身是膽

空中樓閣

按圖索驥

老當益壯

雙管齊下

開卷有益

漢語是我們的母語。學好漢語要從學好詞語開始，

而成語是詞語中的精華，是優秀的學習內容和範本。

學好成語能為語言文化知識的學習打下良好的基礎。

開始！
→

按圖索驥

❶春秋時期，秦國有個叫孫陽的相馬師，把自己相馬的經驗編成了一本《相馬經》。

父親，我要去找千里馬。

去吧！

❷孫陽的兒子也喜歡相馬，他把《相馬經》看了一遍又一遍。

這小東西像千里馬。

❸他來到一個池塘邊，發現荷葉上面蹲着一隻有高腦門、大眼睛的動物。

我找到了千里馬！

這是一隻癩蝦蟆！

❹他費了好大的勁才把那小東西抓起來，並且帶回了家。

❺他覺得很慚愧，於是踏踏實實地跟父親學起了相馬，終於也成為了一名優秀的相馬師。

「按圖索驥」出自東漢班固的《漢書・梅福傳》。索：尋找；驥：好馬。這個成語的意思是照着圖像去尋找好馬。比喻辦事拘泥於教條，不懂變通。現在也比喻按照線索去尋找事物。

知識積累

詞語天天學

近義詞 —— 生搬硬套、按部就班
反義詞 —— 見機行事
歇後語：伯樂兒子找馬 ——（　　　　）

造句示例

· 我們做事應該靈活變通，不要按圖索驥。

答案：按圖索驥

八仙過海

❶傳說有八位得道仙人要
到東海去遊蓬萊島。

❷有一位叫呂洞賓的仙人,他提
議大家各自使出自己的本領,想
辦法過海。

❸鐵拐李把一隻葫蘆扔進大海。
葫蘆變成一葉扁舟,載着他駛過
了東海。

❹藍采和把花籃扔進大海,花籃
載着他過了東海。

❺張果老從小箱子裏拿出紙驢,
對它吹了一口氣,紙驢變成真毛
驢在大海上飛跑。

啊，我們一起過海啦！

❻呂洞賓、漢鍾離、曹國舅、何仙姑和韓湘子各自把寶物投入大海，紛紛踏浪而去。

八仙，中國古代民間傳說中的八個神仙，他們分別是：呂洞賓、張果老、藍采和、何仙姑、漢鍾離、曹國舅、鐵拐李、韓湘子。「八仙過海」這個成語比喻各自有一套辦法，或各自施展本領，互相競賽。

知識積累

詞語天天學

近義詞 —— 大顯身手、各顯神通

反義詞 —— 黔驢技窮

跟名著學用詞

說得好，咱們就八仙過海，各顯神通吧！ —— 老舍《茶館》

正是八仙同過海，各自顯神通！ —— 吳承恩《西遊記》

杯弓蛇影

盡情地喝吧！

好！

❶從前，有一個叫樂廣的人很愛喝酒。一天，樂廣邀請一位好朋友來家裏喝酒。

你家酒杯裏有條小蛇。

奇怪，怎麼會？

❷朋友喝了酒回家後就病了，樂廣得知後便去他家裏探望。

哦，一定是這把弓搞的鬼。

❸樂廣回到家中想了又想。他在屋裏走來走去，一抬頭看見牆上掛着一張弓。

你再看看酒杯。

啊，還是有條小蛇！

❹為了消除朋友心中的疑慮，樂廣又把朋友請到自己家裏，讓他坐在原來的位置上。

❺樂廣隨手取下掛在牆上的弓，杯子裏的「蛇」馬上不見了。

原來那是弓的影子呀！

虛驚一場啊！

「杯弓蛇影」出自東漢應劭的《風俗通義・怪神》。這個成語用來比喻因錯覺而疑神疑鬼，妄自驚慌。

知識積累

詞語天天學

近義詞 —— 草木皆兵、風聲鶴唳
反義詞 —— 泰然自若、若無其事

造句示例

- 她很敏感，常常杯弓蛇影，疑神疑鬼。
- 你不要杯弓蛇影，自己嚇唬自己。

杯水車薪

❶從前，有個樵夫在山上砍了很多柴。他把柴裝上車準備運回家去。

着火啦！着火啦！

❷一路上，樵夫抽着煙斗，悠閒地駕着馬車往前走。煙斗中飄落的火星把車上的柴點燃了。

怎麼辦？

❸樵夫慌忙跳下車，嚇得不知所措。

有隻杯子，太好了！

杯子太小，沒甚麼用。

❹正好路邊有隻被人丟棄的杯子，樵夫趕緊撿起杯子，用杯子盛水滅火。

❺不一會兒，一車柴就徹底被燒成了灰燼。

「杯水車薪」出自戰國時期孟軻（孟子）的《孟子·告子上》。這個成語的意思是用一杯水去救一車着了火的柴。比喻力量太小，解決不了問題。

知識積累

詞語天天學

近義詞 —— 無濟於事、徒勞無功
反義詞 —— 綽綽有餘、立竿見影

造句示例

· 這個工程所需經費這麼大，我們只有一點錢，杯水車薪，該怎麼辦啊？

賓至如歸

❶春秋時，鄭國的大夫子產
帶着隨從出訪晉國。

看來晉平公不
想接見我們。

❷到了晉國，他們在城門外站了
很久，晉國國君晉平公卻沒出來
接見他們。

你們把圍
牆拆掉，讓馬車
從這裏進去。

好的。

❸子產和隨從又等了很久，晉平
公仍然沒出來。

怎麼回事？

禮品送到
了，我們修好
牆再回去。

❹晉平公得知子產拆了圍牆，大
吃一驚，連忙派了個大夫去查
看。

賓客到這就像回
到自己家一樣。

❺子產長長地歎了一口氣，說起
晉文公在位時的情景。

我們拆掉圍牆也是沒有辦法，請諒解。

是我做得不對，請你原諒。

❻ 晉平公聽了這話非常慚愧，馬上接見了子產。

「賓至如歸」出自春秋時期左丘明的《左傳·襄公三十一年》。這個成語的意思是客人到這裏就像回到自己家裏一樣。形容主人待客熱情周到，來客感到滿意。

知識積累

詞語天天學

近義詞 —— 無微不至
反義詞 —— 冷若冰霜

成語辨析

「賓至如歸」「無微不至」都含有「待客周到」的意思。
「賓至如歸」主要從客人的角度來側面表現主人待客的殷勤、周到，「無微不至」則從主人的角度來表現主人對客人關懷、照顧得非常細心。

伯樂相馬

① 春秋時期，有個叫孫陽的人對馬非常有研究，人們都稱他為伯樂。

② 一次，楚王請伯樂為他挑選一匹能日行千里的駿馬。

大王，我這就去尋訪千里馬。

去吧！

這等駿馬用來拉車真可惜，請賣給我。

好吧！

③ 一天，伯樂在齊國看到一匹拉着鹽車的馬。伯樂走上前，馬突然昂起頭嘶鳴。

這麼瘦小！

精心餵養可使其健壯。

④ 伯樂牽着千里馬直奔楚國。楚王見到這是一匹瘦馬，以為伯樂在愚弄他。

這的確是一匹好馬。伯樂可真有眼光！

❺楚王將信將疑，命馬夫盡心盡力地把馬餵好。沒過多久，那馬果然變得精神抖擻。

「伯樂相馬」出自西漢韓嬰的《韓詩外傳》。這個成語的原意是伯樂善於發現千里馬，後來比喻有眼光的人善於發現人才、選拔人才。

知識積累

詞語天天學

近義詞 —— 知人善任、別具慧眼

反義詞 —— 有眼無珠

「伯樂」名字的由來

傳說中，天上管理馬匹的神仙叫伯樂。第一個被稱作伯樂的人本名孫陽，他是春秋時期的人。由於他對馬非常有研究，人們便忘記了他的本名，就稱他為「伯樂」。

不入虎穴，焉得虎子

深感榮幸。

歡迎來做客！

❶東漢時期，漢明帝派班超出使西域，鄯善王親自出城迎接。

歡迎遠道而來的客人！

❷過了不久，匈奴也派使者來和鄯善王聯絡感情，同樣受到鄯善王的熱情款待。

我們必須消除鄯善王的顧慮。

❸匈奴使者在鄯善王面前說東漢的壞話。後來鄯善王不願再見班超了。

請你去跟鄯善王說清楚。

❹一天深夜，班超帶領士兵潛入匈奴使者的營地，抓住了匈奴使者。

沒關係，望兩國日後和睦相處。

對不起，之前我聽信了讒言。

❺鄯善王知道真相後，向班超表示歉意，並和班超言歸於好了。

「不入虎穴，焉得虎子」出自南朝宋范曄的《後漢書·班超傳》。這個成語的意思是說不進入老虎的巢穴，怎能捉到小老虎。比喻不親身經歷險境，就不能獲得成功。

知識積累

知勇雙全的班超

班超是東漢時期著名的軍事家、外交家。他從小就擁有出色的口才，而且愛讀書。在出使西域的三十一年中，班超憑藉非凡的政治和軍事才能，維護東漢的安全，加強了東漢與西域各族的聯繫，為促進民族融合做出了卓越貢獻。

跟動物有關的成語

除了這裏的「不入虎穴，焉得虎子」，還有不少成語跟動物有關呢！看看下面這些：

百鳥朝鳳　指鹿為馬　鶴立雞羣　照貓畫虎

初出茅廬

❶東漢末年，劉備勢單力薄。為了壯大自己的實力，他到處尋求賢才。

> 欲成大業，必需賢才！
>
> 諸葛亮是個曠世奇才。

❷一天，軍師徐庶向劉備推薦諸葛亮。

> 我一定助您成就大業。

❸劉備聽了很高興，親自到諸葛亮的住處拜訪了三次，諸葛亮很感動。

> 主公不必擔心，我有辦法退敵。

❹有一次，曹操派大將夏侯惇率十萬大軍發起攻擊，而劉備只有數千人馬，難以抗衡。

> 引誘夏侯惇到博望坡……

❺諸葛亮決定，利用地勢採取火攻。接着，他在軍中做了細緻的安排。

❻曹軍果然大敗。後人稱這次勝利是諸葛亮「初出茅廬第一功」。

「初出茅廬」出自明朝羅貫中的《三國演義》。這個成語原指新露頭角,現在用來比喻剛進入社會,缺乏經驗,用法已經有所不同。

知識積累

跟諸葛亮有關的成語

關於諸葛亮的故事,掰着指頭也數不過來。跟他有關的成語也有許多,比如:

鞠躬盡瘁,死而後已

三顧茅廬　蓋世無雙

龍盤虎踞　如魚得水

三足鼎立　欲擒故縱

出人頭地

① 北宋有一位大文學家叫蘇軾。他從小就聰明過人，而且文章寫得很好。

② 二十歲那年，蘇軾進京考試。歐陽修是當時的主考官。

真是好文章！

③ 歐陽修也是一位大文學家。他看了蘇軾試卷上的文章，十分驚喜。

此美文，應得第一！

④ 歐陽修把所有的試卷看完後，將蘇軾的文章定為第一。

❺後來，歐陽修又找來蘇軾的其他文章，看後對蘇軾更加讚不絕口了。

蘇軾的文學才華，高出了我一個頭啊！

「出人頭地」出自元朝脫脫、阿魯圖等人所著的《宋史·蘇軾傳》。出：超出。這個成語用來形容高出別人一等，在他人之上。

知識積累

詞語天天學

近義詞 —— 嶄露頭角、卓爾不羣
反義詞 —— 庸庸碌碌、泯然眾人

造句示例

· 丁丁能夠在繪畫界出人頭地，除了有天分外，這跟他從小的努力是分不開的。

· 他不願意向命運屈服，他相信憑着自己的努力一定能出人頭地。

道聽途說

❶戰國時期，齊國有兩個人，一個叫艾子，一個叫毛空。

有一隻鴨子一次下了一百個蛋。

瞎說！

噢，是兩隻鴨子。

❷一天，艾子和毛空在路上相遇了。

你不能減少數目嗎？

那不行！

❸艾子不相信毛空的話。毛空便一次又一次地增加鴨子的數目。

天上掉下一塊肉，十丈寬，三十丈長。

哪有這事？

那大概二十丈長吧。

❹艾子無可奈何地搖搖頭準備回家。這時，毛空又開始說起來。

❺ 艾子了解這些話的來源後，說得毛空啞口無言。

> 我是從街上聽來的。
>
> 沒有依據的話不能亂傳。

「道聽途說」出自《論語·陽貨》。道、途：道路。這個成語的意思是在路上聽來的又在路上傳播。它泛指沒有根據的傳聞。

知識積累

詞語天天學

近義詞 —— 捕風捉影

反義詞 —— 言之有據、言之鑿鑿

造句示例

- 有些人平時就喜歡道聽途說，唯恐天下不亂。
- 我們說話必須要有根據，千萬別道聽途說。

對牛彈琴

❶戰國時期，有一個叫公明儀的音樂家，他能作曲，善演奏。很多人都喜歡聽他彈琴。

這裏景色怡人，我要演奏一曲。

❷有一天，他帶着琴來到郊外，看到一頭老黃牛正悠然地吃着草。

是我彈得不夠好嗎？

❸公明儀撥動琴弦，彈奏起一首高雅的樂曲來。可是老黃牛毫無反應。

換一首曲子也沒用！

❹公明儀見美妙的琴聲並沒有打動老黃牛，於是彈奏了另一首曲子。

「對牛彈琴」出自東漢牟融的《理惑論》。這個成語原指對愚蠢的人講深刻的道理，白費口舌。現在用來比喻說話時不看對象，對不懂道理的人講道理，白白浪費時間。

知識積累

音樂家公明儀

公明儀是戰國時期的一位音樂家。因為家境貧寒，公明儀沒錢買樂器。他在家裏拿筷子敲碗，奏出優美動聽的曲子。一次偶然的機會，一位宮廷樂師發現了他的音樂天分，便將自己最喜愛的琴贈給他。從那以後，公明儀更加專注於音樂了。

反裘負薪

① 魏文侯是戰國時期一位聰明的君王。

② 一次，魏文侯出遊，他看見路上有個人反穿着一件皮裘背着柴行走。

把皮裘反着穿？

為何如此穿着？

③ 原來那個人是不想讓柴傷了皮裘上的毛，可他不知道皮弄壞了，上面的毛也會掉。

這不是好事。

大王為甚麼擔心呢？

④ 第二年，魏文侯收到東陽上貢的錢糧，那是平時的十倍。但是，魏文侯十分擔憂。

耕地沒增加，錢糧卻猛增，這是官員在搜刮。

❺魏文侯想到了那個反穿皮裘背柴的人，他不懂皮裘的裏子有多重要。國家彷彿皮裘，百姓好比皮裘裏子。官員在搜刮，國家怎能安定？

「反裘負薪」出自於西漢桓寬的《鹽鐵論・非鞅》。這個成語的意思是反穿着皮裘背柴。比喻為人愚昧，不知本末。

知識積累

賢君魏文侯

魏文侯帶領人民建立了魏國。他當國君的時候，十分注意治理國家的方式。他尊敬賢能的人，也關愛士兵、官吏。從「反裘負薪」這個成語的典故，我們就可以知道，魏文侯很關注民情。魏文侯實行變法，改革政體，興修水利，發展經濟，使魏國逐漸成為戰國初期的強國。

賈人渡河

①從前有個商人，他帶着貨物渡河時從船上掉進了水裏。

如果你救我，我給你一百兩金子。

②有一個漁夫聽見喊聲，急忙划船去救商人。

知足吧！你一天打魚能掙幾文錢？

你說出來的話要做到啊！

③漁夫把商人救上岸後，商人卻只給他十兩金子。

誰救我，我給他三百兩金子！

④後來有一天，商人從這裏渡河時不小心再次落水。

❺這次漁夫想給商人一點教訓，不再理睬這個說話不算話的人。

「賈人渡河」出自明朝劉基的《郁離子》。賈：貿易；賈人：做生意的人。這個成語用來比喻說話不講信用，言而無信。它告誡我們要守信用，否則會受到懲罰。

知識積累

詞語天天學

反義詞 —— 一諾千金

一起來挑錯

別出新裁（　　） 不可明狀（　　　）

不加思索（　　） 不茅之地（　　　）

紛至踏來（　　） 故步自封（　　　）

（溫馨提示：如果有難度，請向詞典求助。）

答案：心；名；沓；裁；名；圖

邯鄲學步

❶戰國時期，燕國有一位少年非常缺乏自信。

❷這個少年不管做甚麼事都喜歡模仿別人，結果一樣都沒學好。

❸一天，少年看着路上的行人，突然覺得自己走路的姿勢很難看。

❹少年聽說邯鄲人的走路姿勢好看，就瞞着家人跑到遙遠的邯鄲學走路去了。

❺到了邯鄲，少年模仿當地人走路，最後還是甚麼也沒學到。

哎！我現在連走路也不會了，路費也花光了，只好爬着回家了。

「邯鄲學步」出自戰國時期莊周的《莊子‧秋水》。這個成語用來比喻生搬硬套，機械地模仿別人，不但學不到人家的長處，反而會丟掉自己的優點和本領。

知識積累

詞語天天學

近義詞 —— 鸚鵡學舌、照貓畫虎、東施效顰
反義詞 —— 標新立異、獨闢蹊徑

造句示例

· 我們做事情要有自己的主見，不要邯鄲學步。

後生可畏

❶孔子在外遊歷的時候，有一天他在路上遇見三個孩子。

你不跟他們一起玩？

激烈的打鬧會弄傷人。

❷他看見有兩個孩子在追逐玩耍，另一個孩子卻在一旁玩着泥巴。

車子從來都繞着城堡走呀！

❸過了一會兒，玩泥巴的孩子用泥土在路中央堆了一座城堡，絲毫不打算給孔子的車讓路。

魚兒即使出生三天也會游泳，這跟年齡大小沒關係。

❹孔子聽了孩子的話，非常驚訝，稱讚這個孩子年紀小卻懂道理。

現在的少年真是了不起呀！

❺孔子對孩子讚不絕口。

「後生可畏」出自《論語・子罕》。後生：青年人；畏：敬畏。這個成語的意思是青年人是新生力量，很容易超過他們的前輩，令人敬畏。

知識積累

項橐與孔子

莒國有一個少年叫項橐。一天，孔子問項橐：「甚麼水沒有魚？甚麼火沒有煙？甚麼樹沒有枝？」項橐聽了晃着腦袋說：「井水沒有魚，螢火沒有煙，枯樹沒有枝。」孔子又問：「我車裏有棋盤遊戲，我跟你一起玩好嗎？」項橐回答：「我不玩遊戲。農夫沉迷遊戲，就會耽誤農田的耕種；讀書人沉迷遊戲，就會忘記讀書；小孩子貪戀遊戲，就會挨打。像這樣沒有太大用處的事，我不去學。」

虎口餘生

① 宋朝時，浙江湖州有一個叫朱泰的窮人，他靠上山打柴為生。

② 朱泰對母親非常孝順，常常賣了柴就買些好吃的東西給母親吃。

> 累壞了吧？

> 母親，我不累。

③ 一天，朱泰上山打柴，他發現前方有一隻花斑虎，於是趕緊躲了起來。

> 不好，有老虎！

④ 花斑虎四處張望，發現了躲在石頭後面的朱泰，對着他張開大嘴撲過來。

> 我死了，誰贍養我可憐的老母親呢？

「虎口餘生」出自戰國時期莊周的《莊子・盜跖》。這個成語的意思是從老虎嘴邊逃出來，保全了性命。比喻經歷大危險，僥倖活了下來。

知識積累

詞語天天學

近義詞 —— 絕處逢生、死裏逃生

跟虎有關的成語

虎頭蛇尾　　虎視眈眈
虎背熊腰　　虎頭虎腦
你還知道相似的其他成語嗎？請你想一想，說一說。

畫龍點睛

❶南北朝時期，梁朝有位畫家叫張僧繇，他的繪畫技術很高超。

遵旨！

❷有一次，梁武帝讓張僧繇在一個寺廟的牆壁上作畫。

為甚麼不給龍畫眼睛？

畫上眼睛就飛走了。

❸張僧繇用了三天時間就把龍畫好了，只是沒有給龍畫眼睛。

❹人們並不信他的話，於是張僧繇拿起畫筆給其中一條龍畫上眼睛。

❺霎時間，電閃雷鳴，那條龍真的飛走了。

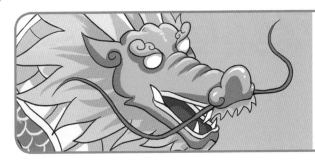

❻過了一會兒，烏雲散開，人們發現只有沒畫眼睛的龍還在牆上。

「畫龍點睛」出自唐朝張彥遠的《歷代名畫記‧張僧繇》。這個成語的原意是給龍畫上眼睛。現在用來比喻說話或寫文章時，在關鍵處用精闢的語句點明要旨，使內容更加生動有力。

知識積累

詞語天天學

近義詞 —— 點石成金、一語破的
反義詞 —— 弄巧成拙、畫蛇添足

跟龍有關的成語

龍是人們想像出來的動物。中國人特別喜歡龍，許多成語裏也有「龍」字，比如：

虎穴龍潭　車水馬龍　降龍伏虎　來龍去脈

黃粱美夢

❶從前，有一個叫盧生的年輕人，他的生活非常貧困。

你睡這隻枕頭，一切都會稱心如意！

太好了！

❷有一次，盧生在邯鄲的旅店裏碰到神仙呂洞賓，他請仙人為自己指點迷津。

我要過榮華富貴的生活……

❸店主才剛開始做黃粱飯。離開飯時間還早，盧生靠着那隻枕頭一會兒就睡着了。

哈，皇帝還要我進京做官呢！

❹在夢裏，盧生發了大財，還娶了一個美麗的女子。

噢，剛才我做了一個美夢。

神機妙算

❺醒來後，盧生才發現自己剛才只是做了一場夢，店主的黃粱飯都還沒做熟呢。

❻ 呂洞賓告訴盧生，想要過好日子不能靠神仙，必須靠自己。

如果美夢能夠成真該多好啊！

「黃粱美夢」出自唐朝沈既濟的《枕中記》。這個成語用來比喻虛幻的夢想，讓人落得一場空歡喜。

知識積累

詞語天天學

近義詞 —— 南柯一夢、白日做夢

反義詞 —— 如夢方醒

造句示例

· 沒有實際行動，你的規劃就只是黃粱美夢。

· 起初大家認為他想成功不過是做黃粱美夢，可是他用努力向大家證明了自己。

兼聽則明，偏信則暗

❶唐朝貞觀時期有一位叫魏徵的大臣，他敢於在皇帝面前說真話。

> 朕要封你做宰相。

> 我一定為國效力。

❷皇帝唐太宗非常賞識魏徵的膽量和才能。

> 廣泛聽取大臣們的意見，採納正確的主張。

❸有一次，唐太宗問魏徵，作為一國之君，怎樣才能夠明辨是非。

> 大家都發表自己的看法。

❹聽了魏徵的建議之後，唐太宗很注意聽取大臣們的意見。

用人作鏡子，可以清楚自己與別人的差距。

❺魏徵去世後，唐太宗非常悲痛。他覺得自己失去了一面好鏡子。

「兼聽則明，偏信則暗」出自東漢王符的《潛夫論・明暗》。這個成語告誡人們辦事要廣泛聽取大家的意見，不要聽信於某一人，這才能明辨是非，把事情辦好。

知識積累——

魏徵的故事

魏徵敢於在皇帝面前直言，這在歷史上是出了名的。

有一次，唐太宗得到一隻雄健的鷂子。他讓鷂子在自己的手臂上跳來跳去，正玩得高興呢。這時，魏徵進來了。唐太宗害怕魏徵會提意見，趕緊把鷂子藏進懷裏。可魏徵早就看到了，他故意延長稟報公事的時間。結果，鷂子就這樣被唐太宗憋死在懷裏了。

腳踏實地

❶北宋時期，有一位著名的歷史學家叫司馬光。

❷司馬光從小勤奮好學，喜歡讀史書，並立志要成為一個歷史學家。

這部史書由你來編寫。

❸宋英宗時期，司馬光受命編寫《資治通鑒》。

您休息吧！

❹編寫的過程中，司馬光刻苦鑽研，常常伏案到深夜。

了不起啊！

資治通鑒

❺十九年後，司馬光終於編成了我國歷史上第一部編年體通史《資治通鑒》。

真是部奇書！

❻司馬光和《資治通鑒》得到了當時的理學家邵雍的高度讚揚。

「腳踏實地」出自北宋邵伯溫的《邵氏聞見前錄》。這個成語用來比喻辦事或做學問踏實、認真、不浮誇。

知識積累

司馬光的誠信故事

司馬光要賣一匹馬。那匹馬毛色漂亮，高大有力，只可惜一到夏季就得肺病。司馬光對管家說：「這匹馬有病的事情，一定要告訴買主。」管家笑了：「哪有像你這樣賣馬的呀？」司馬光說：「一匹馬事小，不講真話、壞了做人的名聲事大。我們做人必須要誠信。」管家聽後慚愧極了。

精誠所至，金石為開

❶西漢時有一位「飛將軍」叫李廣。一次，李廣去打獵，他發現草叢中藏着一隻猛虎。

❷李廣急忙彎弓搭箭，全神貫注地用力射出了一箭。

❸李廣發現自己的箭射進了石頭裏很驚訝，他不相信自己有這麼大的力氣。

❹接下來，李廣連射了幾箭都沒有再射進石頭裏，不是箭桿折斷了，就是箭頭被撞碎了。

誠心專注，像石頭那樣堅硬的東西也會被戰勝的。

❺疑惑不解的李廣去請教學者楊雄。

「精誠所至，金石為開」出自戰國時期莊周的《莊子·漁父》。這個成語的意思是人誠心所到，能感動天地，使金石開裂。比喻只要專心誠意去做，甚麼疑難問題都能解決。

知識積累

造句示例

‧ 俗話說：「精誠所至，金石為開」，只要你用心，就一定能成功！

一起來挑錯

不學無豎（　　　）　不以為燃（　　　）
爾提面命（　　　）　頂力相助（　　　）
窮形近相（　　　）　名燥一時（　　　）

（溫馨提示：如果有難度，請向詞典求助。）

答案：術‧盡‧耳‧盡‧盡‧噪

開卷有益

❶宋朝初年，宋太宗命人編寫了一部規模宏大的分類百科全書——《太平總類》。

這真是一部好書。

❷每天處理完國事後，宋太宗會花大量時間來閱讀這部書。

讀書是樂趣我不累。

皇上，要注意休息！

❸宋太宗每天這樣堅持讀書，並樂在其中。

我們要像皇上一樣。

❹宋太宗學識淵博，處理起國家大事來更加得心應手。這讓大臣們十分佩服。

少年們要多多讀書呀！

❺後來，宋太宗將《太平總類》這部書更名為《太平御覽》。

「開卷有益」出自北宋王闢之的《澠水燕談錄·文儒》。開卷：打開書本，指讀書；益：好處。這個成語用來形容只要打開書本讀書，總會有益處。人們常用它來勉勵他人勤奮好學、多讀書。

知識積累

造句示例

·古人說開卷有益，要做到這一點首先就要選擇讀好書。

跟「開卷有益」有關的名言

高爾基說：「書籍是人類進步的階梯。」

杜甫曾寫過這樣的詩句：「讀書破萬卷，下筆如有神。」

空中樓閣

❶從前有一位財主，他生性愚鈍，常常鬧笑話。

你家三樓的景色真美。

❷有一次，財主到鄰村的一位財主家裏去做客。

外形要和鄰村那家的一模一樣！

❸回到家後，他馬上找來工匠，說要蓋一棟三層樓房。

怎麼還沒蓋好？

❹過了一段時間，財主跑去看他的新房子。房子已經蓋好第一層。

我要第三層，誰叫你們蓋第一、第二層？

❺沒想到，財主非常生氣。

❻ 聽了工匠的話，財主頓時啞口無言。

沒有第一、第二層，哪來的第三層？

「空中樓閣」出自唐朝宋之問的《遊法華寺》。這個成語的意思是懸在半空中的樓閣。比喻虛幻的事物或脫離實際的理論、計劃或空想。

知識積累

詞語天天學

近義詞 —— 海市蜃樓、鏡花水月

反義詞 —— 腳踏實地

造句示例

· 你提出來的構想就像空中樓閣，不切實際。

口若懸河

❶晉朝時，有一位大學問家叫郭象。

❷郭象年輕時就很有才學，看問題也有自己獨到的見解。

郭象真是個了不起的人啊！

❸他善於觀察，愛思考，潛心研究老子和莊子的學說，深得大家的敬仰。

❹過了些年，朝廷派人請他做官。於是，郭象來到了京城。

郭象學識豐富，令人敬佩！

❺在京城，每每聽到郭象談話，大家都津津有味。

❻有一位叫王衍的太尉十分欣賞郭象的口才，常常在眾人面前誇獎他。

郭象說話好像瀑布一樣，永不枯竭。

「口若懸河」出自南朝宋劉義慶的《世說新語・賞譽》。若：好像；懸河：瀑布。這個成語的意思是一個人說話像瀑布流瀉一樣滔滔不絕，形容能言善辯。

知識積累

詞語天天學

近義詞 —— 侃侃而談、滔滔不絕
反義詞 —— 張口結舌、一言不發

造句示例

· 她站到講台上，又像往常一樣口若懸河。
· 爺爺講起過去的事情口若懸河。

老當益壯

❶ 東漢時期有個叫馬援的人，他從小就胸懷大志，想要幹一番事業。

❷ 馬援當督郵後，一次，他押送犯人，因為覺得犯人可憐就在半路上把犯人放走了。

❸ 馬援因此丟了官。他來到北方，沒幾年工夫就搖身一變成了一個大牧場主。

❹ 馬援經常把自己積攢的財產送給朋友，自己過得十分節儉。

窮當益堅，老當益壯！

❺ 雖然過着轉徙不定的遊牧生活，但馬援的志向從未改變。

❻後來，馬援成了東漢有名的將領，為光武帝立下了很多戰功。

「老當益壯」出自南朝宋范曄的《後漢書·馬援傳》。

這個成語用來形容年紀雖老，志氣反而更加豪壯。

知識積累

胸懷大志的馬援

馬援是東漢時期著名的軍事家，因戰功赫赫被封為伏波將軍。他不願做守財奴，經常把錢財分給他的兄弟和朋友們。他說：「大丈夫要有志氣，越是窮困，志向越要堅定，越是年老，志氣越要壯盛，不能總是停滯不前。」

詞語天天學

近義詞 —— 老驥伏櫪、寶刀未老

反義詞 —— 未老先衰

量體裁衣

❶南北朝時期，齊國有個叫張融的人非常有才能。

張融是個不可多得的人才。

❷張融做了官後，深受皇帝齊高帝的器重。

皇上送您的衣服和詔書。

謝皇上！

❸但是，張融一直生活得很節儉。齊高帝很欣賞他，專門給他送來了禮物。

皇上真是用心良苦啊！

❹齊高帝把自己穿過的一件舊衣服送給張融，並且讓裁縫按照張融的身材進行了修改。

❺ 張融收到衣服，看了詔書後，非常感動，決心一定要努力為國效力。

我一定不辜負皇上對我的厚愛。

「量體裁衣」出自春秋末期、戰國初期墨翟的《墨子·魯問》。這個成語用來比喻根據實際情況辦事。

知識積累

詞語天天學

近義詞 —— 量力而行、實事求是
反義詞 —— 力不從心、力所不及
猜歇後語：裁縫店裏做衣服 ——（ 　　　）

造句示例

· 我們無論做甚麼事情都要實事求是，量體裁衣。

· 制訂學習計劃表時求不要太高，要根據實際情況，量體裁衣，實行起來才會有效果。

答案：量體裁衣

囊螢映雪

① 晉代有個叫車胤的少年，他勤奮好學，但家裏沒錢買燈油供他晚上讀書。

把螢火蟲集中起來就有燈了。

② 一個夏夜，車胤看見院子裏有許多螢火蟲在空中飛舞，一閃一閃的。

③ 車胤抓了許多螢火蟲放在白布口袋裏，然後借着這個光看書。後來，他考上了進士。

時間這樣白白浪費，多可惜。

④ 當時還有個叫孫康的少年也因為家境貧寒，晚上不能看書。

外面的雪光比屋裏亮多了，可以借着這個光來看書。

⑤ 一天夜裏，孫康從睡夢中醒來，發現窗縫裏透進一些光亮。

❻此後，每逢有雪的晚上，孫康就會借着雪映出來的光來讀書。孫康長大後也成了有學識的人。

「囊螢映雪」這個成語包含兩個部分 ——「囊螢」出自唐朝房玄齡等人所著的《晉書・車胤傳》，「映雪」出自《孫氏世錄》。這個成語用來形容家境貧窮卻勤學苦讀。

知識積累

詞語天天學

下面這些成語也可以用來形容學習刻苦：
懸樑刺股　　韋編三絕　　鑿壁偷光
夏練三伏，冬練三九

一起來挑錯

粒粒在目（　）光天晝日（　）鬼斧神功（　）
厚集薄發（　）見人見智（　）令人髮止（　）

（溫馨提示：如果有難度，請向詞典求助。）

答案：畫畫：晝；功：工；發：厚；智：仁；止：趾

弄巧成拙

❶北宋時期，有位畫家叫孫知微，他擅長畫人物。

❷一次，他剛畫完《九曜星君圖》，還沒來得及着色，就被朋友叫走了。

神態畫得太逼真了！

❸孫知微走後，弟子們圍住畫，反復觀摩老師畫畫的技巧。

怎麼不說話？

畫上童子手中的瓶子裏少了點東西。

❹大家都在交流想法，只有一個叫童仁益的弟子一言不發。

畫朵蓮花吧！

❺童仁益說完，在瓶口畫了一朵豔麗的紅蓮花。

❻孫知微回來後，發現童子手中的瓶子裏多出了一朵蓮花，又好氣又好笑。 因為這個瓶子是降服妖怪的寶瓶，加上花，它就只是普通花瓶了。

「弄巧成拙」出自北宋黃庭堅的《拙軒頌》。弄：賣弄、耍弄。這個成語的意思是本想耍點兒巧妙的手段，結果反壞了事。這是個貶義詞，常用在批評場合。

知識積累

詞語天天學

近義詞 —— 畫蛇添足、多此一舉
反義詞 —— 恰到好處

找找反義詞

你發現了嗎？在成語「弄巧成拙」中，「巧」和「拙」是一對反義詞。來找找下列成語中的反義詞吧！

前因後果　生離死別　一無所有　博古通今

答案：前因後果，因和果；生離死別，生和死；一無所有，無和有；博古通今，古和今

披荊斬棘

❶東漢時期，光武帝劉秀帶領軍隊進軍河北。

大家趕緊停下來避避雨吧！

❷行軍途中，軍隊遇上了惡劣的天氣，士兵們在路旁忍飢挨餓。

大家快把衣服烤乾，再喝點熱粥。

❸大將馮異四處搜尋豆子，又抱來柴火，煮了一大鍋粥給士兵們吃，為劉秀解決了難題。

馮將軍又立了大功！

❹公元 25 年，劉秀當上了皇帝。馮異帶兵為他平定了關中。

他為我劈開荊棘，功臣啊！

❺公元 30 年，馮異到京城拜見劉秀，劉秀熱情地接待了他。

❻馮異得到光武帝的信任和器重，而且他還深得人們的敬仰。

「披荊斬棘」出自南朝宋范曄的《後漢書·馮異傳》。披：撥開；斬：砍斷；荊棘：帶刺的小灌木。這個成語用來比喻在前進的道路上掃除障礙，克服困難。

知識積累

詞語天天學

近義詞 —— 乘風破浪、一往無前

反義詞 —— 瞻前顧後、裹足不前

造句示例

· 他白手起家，多年來在商場上披荊斬棘，才有了今天的成就。

· 遇到困難時不要氣餒，要用披荊斬棘的勇氣努力向前。

騎驢找驢

① 從前有個叫王三的生意人。一天，他來到集市上，一口氣買了五頭小毛驢。

（這幾頭小毛驢不錯。）

② 王三騎上一頭小毛驢高高興興地往回走。半路上，他發現了問題。

（1、2、3、4……咦？少了一頭？）

③ 王三想着丟失的小毛驢，心裏十分難過，有氣無力地騎着驢繼續前進。

（唉，真倒霉！）

④ 過了一會兒，王三不甘心，他又從驢背上跳下來，把小毛驢數了一遍。

（啊！怎麼又有五頭驢了？）

❺王三想了半天才弄明白，原來他忘了數自己騎的那頭小毛驢。

我真糊塗！

「騎驢找驢」出自明朝洪應明的《菜根譚》。這個成語用來比喻東西本來就在自己手裏，還到處去找。

知識積累

詞語天天學

近義詞 —— 騎馬找馬

造句示例

• 小明的眼鏡架在頭上，還到處找眼鏡，真是騎驢找驢。

杞人憂天

① 從前，杞國有一個非常膽小的人。

天塌下來怎麼辦？

② 有一天，他坐在門前忽然想到一個問題。

③ 從那以後，他幾乎每天都在為這事發愁，漸漸變得精神恍惚，人也十分憔悴。

我不信天空永不塌。

不要自尋煩惱了！

④ 朋友們都紛紛跑來勸他。

❺可憐的杞國人還是不停地為這個不必要的問題擔憂。

「杞人憂天」出自戰國時期列禦寇的《列子・天瑞》。杞：周代諸侯國名；憂：憂慮。這個成語用來比喻人們為了一些不切實際的事情而憂愁。

知識積累

庸人自擾

陸象先出任劍南道按察使的時候，有人勸他採用嚴厲的刑罰來樹立威名，不然沒人會聽他的。陸象先說：「當政的人講理就可以了，何必要講嚴刑呢？這不是寬厚人所為。」後來，陸象先擔任蒲州刺史。吏民有罪，他大多開導教育一番就放了。陸象先常說：「天下本來無事，都是人自己給自己找麻煩，才將事情越弄越糟。如果一開始就能清楚這一點，事情就簡單多了。」

這就是成語「庸人自擾」的來歷。

千金買鄰

❶南北朝時期，有個叫呂僧珍的人。

呂僧珍真不錯！

要向他學習！

❷呂僧珍為人正直、謙虛誠懇，受到人們的尊敬和愛戴。

買個大房子吧。

不用，這房子已經夠用了。

❸平時來呂僧珍家找他的人很多，可他的房子太小了，他卻不願換大房子。

你買這房子花了多少錢？

一千一百兩。

❹後來，一位太守特地在呂僧珍家隔壁買了一套房產。

❺呂僧珍很驚訝，他覺得那房子太守買得太貴了。太守卻認為很值得。

> 一百兩買這房屋，一千兩買你這個鄰居。

「千金買鄰」出自唐朝李延壽的《南史‧呂僧珍傳》。這個成語用來比喻好鄰居千金難買。它啟發人們要有選擇地與人交往，和有上進心的人多交往。

知識積累

呂僧珍的故事

呂僧珍當官從不偏私於自己的親戚。他有個賣蔥的姪子想在官府裏謀個差事。呂僧珍對他說：「你本來就有正當的職業，怎麼可以胡亂去求不該得的職業呢？你快回蔥店裏去吧！」

呂僧珍家門前是督郵的官署。大家勸他遷移官署，然後擴建自己的住宅。沒想到，呂僧珍十分惱怒：「那可是官府的房子，一直建在這裏，怎麼可以搬遷官署來擴大自己的私人住宅呢？」

千慮一得

❶齊國的宰相晏嬰為人正直，為官清廉，生活過得非常儉樸。

❷一天，晏嬰正要吃午飯，齊景公派了一個使者來見他。使者發現晏嬰吃的是粗茶淡飯。

宰相家裏竟然如此貧困，這是我的過錯。

❸使者回去後向齊景公稟報了這件事，齊景公馬上派人給晏嬰送去千金。

這次您還不接受，我如何稟報大王呢？

❹可是，齊景公先後派人送了三次禮物，晏嬰都沒接受。

感謝大王厚愛，我不能接受大王的賞賜。

❺晏嬰只好進宮當面向大王致謝，並表明態度。

⑥晏嬰說聖人考慮多次，也難免失誤；笨人考慮多次，總有正確之時。這事他比管仲做得對。

也許管仲考慮這件事有失誤。

以前，管仲就沒有推辭齊桓公的賞賜。

「千慮一得」出自《晏子春秋·內篇雜下》。這個成語的意思是即使愚笨的人，在很多次考慮中也總會有些可取的地方。人們常常用這個成語來表示自謙。

知識積累

名相晏嬰

晏嬰是春秋時期齊國的一位政治家、思想家、外交家。他愛國憂民，足智多謀，剛正不阿，為國家昌盛立下了汗馬功勞，在百姓中享有很高的聲譽。

詞語天天學

反義詞 —— 千慮一失

請君入甕

① 唐朝女皇武則天手下有兩個狠毒的大臣 —— 周興和來俊臣。

② 有一回，有人告發周興謀反，武則天責令來俊臣嚴查此事。

犯人不認罪，老兄有何辦法？

③ 來俊臣想了一條妙計，他把周興請到自己家裏喝酒。

這個辦法不錯！

④ 周興建議找一個大甕用炭火燒熱，再把犯人投進甕裏。

有人告你謀反，現在請你進去吧！

⑤ 來俊臣命人抬來一口大甕，然後在大甕下面點上炭火。

「請君入甕」出自唐朝張鷟（zhuó）的《朝野僉載‧周興》。甕：一種陶製的盛器。這個成語用來比喻用某人的方法整治他自己，也借指設計好圈套引人上當。

武則天和無字碑

作為中國歷史上唯一的女皇帝，武則天精明強幹，勵精圖治，對唐朝的繁榮起到了一定的作用。她一定想讓自己的豐功偉績流傳百世吧？可是，武則天死後讓人在自己的陵墓上立了一塊沒有刻一個字的墓碑。這是為甚麼呢？也許聰明的武則天想讓後人來評說她的功過吧！

知識積累

三人成虎

① 戰國時期，國與國之間為了不打仗，通常都將本國太子交給對方作為人質。

> 請保護好太子。

> 遵命！

② 魏國有一位聰明的大臣叫龐恭，魏王派他陪太子到趙國去做人質。

> 第二人也這麼說呢？

> 半信半疑。

③ 出發前，龐恭來到宮殿問魏王，如果有人說街上有老虎，他是否相信。魏王表示不信。

> 然而街上並沒有老虎。

④ 可要是有三個人如此說，魏王說自己一定會相信。龐恭聽了哈哈大笑。

❺龐恭說趙魏兩國相距很遠，外出使期間議論他的人肯定不止三個。請魏王不要聽信讒言。

我不會相信別人的謠言。

「三人成虎」出自《戰國策・魏策二》。這個成語的原意是三個人謊報集市裏有老虎，聽者就會信以為真。現在多比喻多人重複說謠言，就能使人信以為真。它啟示人們做事要善於調查研究，不要輕信他人。

知識積累

詞語天天學

近義詞 —— 道聽途說、以訛傳訛
反義詞 —— 眼見為實、實事求是

造句示例

• 這真是三人成虎啊，明明是不可能的事，大家一傳竟然都當真了。

上行下效

以後恐怕再也沒人敢當面指出我的過失了。

❶春秋時期，齊國宰相晏嬰不幸去世了，齊景公非常難過。

妙呀！

箭法如神！

❷一天，齊景公帶領文武百官在廣場上射箭。他每射一支箭，文武百官就大聲喝彩。

沒射中，大臣們還拍手叫好。

是呀！

❸齊景公不禁又想起了敢說真話的晏嬰。他把射箭場上發生的事情說給大臣弦章聽。

不，不能全怪大臣們。

❹弦章解釋道，國君喜歡甚麼，大臣們自然也跟着喜歡甚麼。

那些奉承大王的人就是想多得賞賜。我不願如此。

❺齊景公覺得弦章說得有道理，便要賞賜他，可弦章說甚麼也不肯接受。

「上行下效」出自東漢班固的《白虎通・三教》。這個成語用來形容上面的人怎麼做，下面的人也跟着怎麼做，多指不好的事情。

知識積累

詞語天天學

近義詞 —— 如法炮製、有樣學樣
反義詞 —— 源清流潔

造句示例

· 當父母的如果不知節儉，兒女們上行下效，也會花錢大手大腳。

勢如破竹

❶三國後期，晉武帝司馬炎滅掉蜀國，奪取了魏國政權，又準備出兵攻打東吳。

> 晉國兵富力強，吳國衰弱，宜速速滅吳。

❷他召集大臣們商量滅吳大計。大臣們認為暫時不能攻打吳國，大將杜預卻另有看法。

> 分六路，水陸並進。

❸於是，公元 279 年，晉武帝調動二十多萬兵馬，任命杜預做大將軍攻打吳國。

> 士氣高漲，勢如破竹。

❹就在晉軍高歌猛進時，有人擔心長江水勢暴漲，提出要暫時收兵。杜預堅決反對。

❺在杜預的率領之下，晉軍真的就像快刀劈竹子一樣滅了吳國。

「勢如破竹」出自唐朝房玄齡等人所著的《晉書・杜預傳》。這個成語的意思是形勢就像劈竹子，頭上幾節被破開以後，下面各節就會順着刀勢分開了。比喻作戰或工作節節勝利，毫無阻礙。

知識積累

詞語天天學

近義詞 —— 勢不可擋、節節勝利

反義詞 —— 節節敗退、望風披靡

造句示例

· 在校運會上，我們班的運動健將們個個都鉚足了勁，勢如破竹，所以我們班取得了年級第一名的好成績。

雙管齊下

❶唐朝有一個畫家叫張璪，他擅長畫山、水、松、石。

蒼松、山石、泉水都生動無比啊！

❷張璪的名氣很大，每天都有很多人來看他畫畫。

那我就獻醜了。

❸有一次，一位叫畢宏的畫家來拜訪張璪，並邀請他畫畫。

請問您的老師是誰？

我的老師就是大自然。

❹張璪提起兩支筆，一手畫松樹樹幹，一手畫松枝。轉眼，一棵蒼勁的松樹便躍然紙上。

❺後來人們把張璪這種獨特的畫法叫作「雙管齊下」。

真厲害啊！

「雙管齊下」出自北宋郭若虛的《圖畫見聞志・故事拾遺》。管：筆；齊：同時。這個成語的意思是一個人能雙手各拿一支筆同時作畫。比喻做一件事從兩個方面同時進行或兩種方法同時使用。

知識積累

詞語天天學

近義詞 —— 左右開弓
反義詞 —— 另起爐灶

成語辨析

說到「雙管齊下」，很容易讓人聯想到「一箭雙鵰」。「一箭雙鵰」指採用一種方法達到了兩種目的，而「雙管齊下」是指運用兩種方法達到一個目的。

探驪得珠

❶ 從前，黃河邊住着一戶人家。他們靠割蘆葦、編器物為生。

那些珍寶很難找到。

❷ 一天，兒子想起父親說過，河的深處住着兇猛的驪龍，牠守着許多珍寶。

❸ 要是能找到珍寶，一家人的生活就能得到改善。於是，兒子決定去找珍寶。

❹ 他一頭扎進河裏。越往河深處游，光線變得越暗。

啊，明珠！

❺ 這時，他發現不遠處有一個圓物體在閃閃發光。原來那是驪龍守護的一顆明珠。

❻他從驪龍的下巴底下摘到了明珠，並把明珠帶回家交給了父親。

那驪龍一定是睡着了，不然你早沒命了。

好險啊！

「探驪得珠」出自戰國時期莊周的《莊子·列禦寇》。驪：黑龍。這個成語的原意是冒大險，得大利。現在常比喻寫文章能緊扣主題，抓住要點。

知識積累

造句示例

· 他的不凡之處就在於他把問題看得透徹，處理事情時探驪得珠，乾脆利索。

一起來挑錯

近默者黑（　　　）　拋專引玉（　　　）

神童廣大（　　　）　善始善中（　　　）

因才施教（　　　）　唇齒相一（　　　）

（温馨提示：如果有難度，請向詞典求助。）

答案：墨；磚；通；終；材；依

萬事俱備，只欠東風

❶公元 208 年，曹操率領八十萬大軍駐紮在長江中游的赤壁，準備攻打劉備和孫權。

只怪我們兵力太少。

聯合吧！

❷為了對抗兵強馬壯的曹操，劉備想和孫權聯合起來。

可以採用火攻。

❸劉備的軍師諸葛亮，孫權的大將周瑜，一起商討起破敵的計策。

我預測今晚會颳東南風。

❹可周瑜發現曹操的船隻都停在江的西北面，如果用火攻，只有颳東南風才最有利。

太好了，天助我也！

❺半夜裏，天果真颳起了東南風，周瑜忙下令發起火攻。沒多久，大火就把曹營的戰船燒得乾乾淨淨。

「萬事俱備，只欠東風」出自元末明初羅貫中的《三國演義》。這個成語的原意是周瑜定計火攻曹操，做好了一切準備，忽然想起不颳東南風無法勝敵。比喻一切都已準備好了，只差最後一個重要條件。

知識積累

造句示例

· 我們現在是萬事俱備，只欠東風，只要零件一來，馬上就可以安裝機器人了。

一起來挑錯

望梅止喝（　　）　　遊然自得（　　　）

捶頭喪氣（　　）　　齊人憂天（　　　）

老當益裝（　　）　　畫龍點晴（　　　）

（温馨提示：如果有難度，請向詞典求助。）

答案：渴、悠、垂、杞、壯、睛

望梅止渴

❶東漢末年的一個夏天，曹操帶兵去攻打張繡。將士們經歷了長時間行軍非常辛苦。

一點水都找不到。

❷因為天氣炎熱，加上將士們滴水未進，行軍的速度越來越慢。曹操非常焦急。

得讓大家趕緊走出去。

❸曹操走上山崗，他發現這地方是一片荒野，不可能找到任何水源。忽然，他計上心來。

太好了！

❹他指向前方，說那有一大片梅林，結滿了又大又酸又甜的梅子，讓大家走去那吃梅子。

我們加緊行軍吧。

一想到梅子，口水直流。

❺將士們聽了曹操的話，頓時覺得不那麼渴了，振作起精神來繼續行軍。

「望梅止渴」出自南朝宋劉義慶的《世說新語·假譎》。這個成語的原意是因為梅子酸，人想吃梅子的時候會不自覺地流口水，所以能止渴。現在用來比喻願望無法實現，便用空想來安慰自己。

知識積累

曹叡選才

　　曹操的孫子曹叡，是三國時期魏國的第二代君王。有一次，曹叡想找一個能幹的人當中書郎，便請大臣盧毓推薦。曹叡說：「選拔人才不要單憑他的名聲，名聲好比畫在地上的餅，是沒法吃的！」從曹叡的這句話裏誕生了一個與「望梅止渴」有相似之處的成語，你能猜到嗎？

答案：畫餅充飢

望洋興歎

❶很久以前，黃河裏住着一位河神，名叫河伯。

天下所有的水都到黃河裏來了。

❷一天，河伯站在岸上，他望着浩浩蕩蕩的河水十分興奮。

北海那才真叫大呢！

❸這時，一位路人從岸邊經過，他聽到了河伯的話。

我倒要看看，到底是黃河大，還是北海大。

❹河伯不相信路人的話，決定親自去北海看一看。

❺河伯來到北海邊，看見北海汪洋一片，頓時驚歎不已。

要不是我親眼所見，還真以為黃河天下第一呢！

「望洋興歎」出自戰國時期莊周的《莊子·秋水》。興：產生。這個成語的意思是在偉大的事物面前感歎自己的渺小。比喻要做某件事情而力量不夠，感到無可奈何。

知識積累

詞語天天學

近義詞 —— 無能為力、無可奈何

反義詞 —— 妄自尊大、不自量力

造句示例

· 對面山上有許多山羊，可老虎只能隔着山谷望洋興歎。

下筆成章

① 曹操的第三個兒子曹植從小就聰明好學，曹操非常喜歡他。

你的文章是別人代寫的吧？

不是，父親可以當面考我。

② 一天，曹操看了曹植的文章後，把曹植叫到跟前來盤問。

文采不錯！

③ 銅雀台建好後，曹操讓幾個兒子各作一篇賦，曹植一會兒就寫完了。

限你在七步之內作出一首詩。

④ 後來，曹植的哥哥曹丕做了皇帝，他嫉妒曹植的才華，故意刁難他。

❺曹植只走出六步就作出了一首詩，曹丕覺得很慚愧。

「下筆成章」出自西晉陳壽的《三國志•魏志•陳思王植傳》。章：文章。這個成語的意思是一揮動筆就能寫成文章。形容文思敏捷，非常有才華。

知識積累

詞語天天學

近義詞 —— 出口成章、一揮而就

反義詞 —— 江郎才盡、黔驢技窮

造句示例

• 小丁同學不僅口才好，寫作能力也不錯，常常下筆成章。

• 小王那下筆成章的才能，都是靠平時多讀多寫練出來的。

胸有成竹

❶北宋有個畫家叫文同，他最喜歡畫竹子。

❷為了畫好竹子，文同經常觀察竹子的各種形態和色彩。

這姿勢很奇特。

我不用畫草圖了。

❸每當有新的感受，文同就細心地把它畫出來，記在心頭。

❹經過長年累月的觀察和研究，文同每次畫起竹子來都非常自信。

⑤文同畫的竹子遠近聞名，每天都有人來請他畫畫。

畫得真好！

我只是把心裏的竹子畫出來而已。

「胸有成竹」出自北宋蘇軾的《文與可畫篔簹谷偃竹記》。胸：心裏；成：完全，全面。這個成語的原意是畫竹子之前心中已有一幅竹子的形象。現在比喻做事之前已有了通盤考慮，有把握去做好。

知識積累

詞語天天學

近義詞 —— 穩操勝券、胸有定見
反義詞 —— 束手無策、不知所措

造句示例

· 期末考試那天，我胸有成竹地走進考場。
· 東東胸有成竹地告訴老師，這道題目他會做。

雪中送炭

天這麼冷，怎麼過冬啊？

❶北宋太宗時期，有一年下大雪，天氣非常寒冷。

老百姓吃得飽、穿得暖嗎？

❷宋太宗穿着皮毛外套，坐在温暖的屋子裏還覺得冷。他不由得想到了民間貧苦的老百姓。

去幫幫老百姓吧！

是！

❸於是，宋太宗派官員帶上衣食和木炭去救濟那些缺衣少食的老百姓。

多謝了陛下。

❹老百姓得到官員們派發的物品，日子變得好過一些了。

⑤一時之間，舉國上下都在稱讚宋太宗。

陛下真是個好皇帝！

「雪中送炭」出自南宋范成大的《大雪送炭與芥隱》。這個成語的意思是下雪天給人送炭取暖。比喻在別人急需幫助的時候，及時伸出援手。

知識積累

詞語天天學

近義詞 —— 扶危濟困
反義詞 —— 落井下石

造句示例

· 下午來上課的同學給沒吃午飯飢腸轆轆的我帶了一袋糕點，這可真是雪中送炭啊！

葉公好龍

① 春秋時期有個楚國貴族，人稱葉公。

② 葉公最喜歡龍。他穿的衣服、睡覺的床和吃飯的碗筷上都有龍的圖案。

瞧瞧，這幾條龍多威武啊！

③ 葉公家裏的門窗和樑柱也都找人刻上了龍的圖案。

你見過真的龍嗎？

當然。

④ 他還經常跟鄰居講龍的故事。就這樣，葉公因為愛龍而出了名。

❺聽說葉公這麼喜歡龍，天上的真龍特意飛下來看他，結果葉公卻嚇得四處躲藏。

「葉公好龍」出自西漢劉向的《新序・雜事》。好：喜好。這個成語用來比喻表面愛好某種事物，實際上並不是真正愛好，甚至是懼怕、反感。人們常用它來諷刺那些名不副實、表裏不一的人。

知識積累

詞語天天學

近義詞 —— 表裏不一、言不由衷
反義詞 —— 名副其實、名實相符

造句示例

・ 她就是葉公好龍，嘴上說喜歡舞蹈，其實並不是真心喜歡。

一鳴驚人

① 戰國時期，齊威王繼承了王位。繼位後的三年間，他整天飲酒作樂，不理朝政。

② 有個叫淳于髡的大臣進宮叩見齊威王。他有一個辦法來激勵大王。

臣聽說國中有隻鳥三年不飛也不叫……

此鳥不飛則已，一飛沖天；不鳴則已，一鳴驚人！

③ 齊威王聽了淳于髡的話之後，知道這是在暗示自己治國無功。

④ 從那以後，齊威王振作起來。他去各地視察，整頓兵馬，還親自率軍打敗了入侵的魏國。

❺其他各國的君王非常震驚，對齊威王刮目相看。

齊威王真是一鳴驚人啊！

「一鳴驚人」出自西漢司馬遷的《史記・滑稽列傳》。鳴：鳥叫；驚：震驚。這個成語用來比喻平時沒有特殊的表現，一幹就有驚人的成績。

知識積累

詞語天天學

近義詞 —— 一舉成名、一炮而紅
反義詞 —— 屢試不第、出師不利

造句示例

· 平時沉默不語的小李，今天參加辯論賽竟然獲得了冠軍，真是一鳴驚人啊！
· 在歌唱比賽中，不少新人一鳴驚人，獲得了評委老師的肯定。

一身是膽

我親自帶兵與劉備決一死戰！

❶ 東漢末年，劉備和曹操為爭奪漢中在漢水一帶打仗。

不好，黃忠被曹軍包圍了！

主公，我去營救黃將軍。

❷ 交戰中，劉備的老將黃忠不幸被曹軍團團圍住。大將趙雲向劉備請命去救黃忠。

曹軍追過來了！

打開營門。

❸ 趙雲帶了幾名騎兵殺進重圍救出了黃忠，然後他們回到了營地。

放箭！

有埋伏！

❹ 原來，趙雲事先安排了大批弓箭手進行埋伏。他一聲令下，將士們萬箭齊發射向曹軍。

❺趙雲和黃忠帶領將士們乘勢追擊,大獲全勝。

「一身是膽」出自西晉陳壽的《三國志・蜀志・趙雲傳》。這個成語用來形容膽量大,無所畏懼。

知識積累

詞語天天學

近義詞 —— 渾身是膽、膽大如斗
反義詞 —— 膽小如鼠

一起來挑錯

江郎材盡(　　) 樂急生悲(　　)
厚起之秀(　　) 浩然之汽(　　)
花而不實(　　) 機不可識(　　)

(温馨提示:如果有難度,請向詞典求助。)

答案:才、極、後、氣、華、失

以逸待勞

❶東漢初年，大將軍馮異奉命去攻佔一座城。馮異的對手隗囂也派出了很多兵力。

> 趕在敵人前面進城，好好休息。

❷考慮到對方兵力太強大，部下建議馮異撤退。可馮異有信心一定能打敗對手。

> 大家耐心等待敵人的到來。

❸馮異命令部隊急行，終於趕在隗囂前面佔領了城池。

❹第二天，隗囂也帶領部隊趕到了，可士兵們一個個累得東倒西歪。

❺這時，馮異率部隊衝了出來，把疲憊不堪的敵人打得狼狽逃竄。

「以逸待勞」出自春秋時期孫武的《孫子兵法·軍爭篇》。逸：安逸；勞：疲勞。這個成語的意思是作戰時採取守勢，養精蓄銳，等進攻的敵人疲乏時再出擊。

知識積累

詞語天天學

近義詞 —— 養精蓄銳
近義詞 —— 疲於奔命

造句示例

· 獵物在蜘蛛網裏掙扎，蜘蛛以逸待勞，耐心等待享受獵物的好時機。

孜孜不倦

① 遠古時，洪水經常氾濫，很多老百姓流離失所。

又發大水了！

② 舜帝決定派大禹去治理氾濫的洪水。

我一定治好洪水。

③ 大禹沒日沒夜，帶着大家一起疏通溝渠，把大水引入海裏。

洪水終於被治服了！

④ 大禹還帶領老百姓一起耕耘播種。老百姓的日子漸漸好起來。

我們能過上好日子，多虧了大禹啊！

你幹得不錯！

我整天考慮的是不懈怠地工作。

❺大禹治水有功，舜帝對他非常讚賞。

「孜孜不倦」出自《尚書·君陳》「唯曰孜孜，無敢逸豫」。孜孜：勤勉；不倦：不知疲倦。這個成語用來形容工作或學習非常勤舊，不知道疲倦。

知識積累

三過家門而不入

　　傳說，大禹新婚沒多久就離開家去治水。後來，他路過家門，聽到了兒子出生時哇哇的哭聲，但一想到會耽誤治水，就沒有走進家門。第二次他經過家門時，兒子在妻子的懷中向他招手。可工程緊張，大禹只是揮手打了個招呼就走過去了。第三次再經過家門時，兒子已經長到十來歲了，他跑來想拉大禹回家。大禹告訴他，治水工作還沒有完成，沒空回家，便又匆忙離開了。

愛屋及烏

❶周武王打敗商紂王，取得了天下，可是他有一件煩心事。

❷他召集大臣們來商討這件事情。軍師姜子牙提出了建議。

❸周武王又問弟弟召公的看法。

❹這時，周武王的另一個弟弟周公提出，大王應該以仁德感化百姓。

⑤周武王採納周公的意見，精心治理國家，很快國家就強大起來。

「愛屋及烏」出自西漢伏勝的《尚書大傳‧大戰篇》。這個成語用來比喻愛一個人而連帶地關心跟這個人有關係的人和物。

姜太公釣魚，願者上鈎

姜子牙年輕時經常到渭水河裏釣魚。他釣魚用的魚鈎是直的，上面不掛魚餌，而且魚鈎離水面有三尺的距離。姜子牙一邊垂釣，一邊唸叨：「魚兒呀，你如果願意，就自己上鈎吧！」別人都取笑他：「像你這樣釣魚，一輩子也釣不到一條魚！」姜子牙笑而不語。周文王看到後便和姜子牙交談，發現他是個可用之才，於是邀請他出山相助，立他為軍師。在姜子牙的協助下，周朝建立了。

知識積累

暗箭傷人

① 春秋時期，鄭國的鄭莊公計劃討伐許國。

您年紀大了，別上戰場了！

兵車歸我！

② 一天，鄭莊公在宮前檢閱軍隊，老將軍潁考叔和青年將軍公孫子都為了爭奪兵車吵了起來。

③ 潁考叔拉走了兵車，公孫子都特別氣憤。

哼！看你還怎麼立功！

④ 在戰場上潁考叔奮勇當先。公孫子都擔心他立下大功，便抽出箭來偷偷射向了他。

⑤另一位將軍瑕叔盈只好挑起重擔，指揮士兵繼續戰鬥。最終鄭軍攻破了許國都城。鄭國吞併了許國。

「暗箭傷人」出自南宋劉炎的《邇言》。這個成語的意思是指暗中射箭殺傷別人，即放冷箭傷害人。比喻採用卑劣手段，暗地裏傷害別人。

知識積累

詞語天天學

近義詞 —— 笑裏藏刀、含沙射影

反義詞 —— 光明正大、直截了當

一起來挑錯

甘敗下風（　　）　穿流不息（　　）

黃粱美夢（　　）　蛛絲螞跡（　　）

迫不急待（　　）　不能自己（　　）

（温馨提示：如果有難度，請向詞典求助。）

答案：拜；川；粱；馬；及；已

捕風捉影

① 漢成帝二十歲的時候當上了皇帝，可是他到了四十多歲還沒有孩子。他心中十分焦急。

無人繼位……

② 有方士勸漢成帝多去求神拜祖，這樣很快就能如願。

說得對！

③ 漢成帝沉迷祭祀，疏於朝政。因為大搞祭祀，朝廷每年要花掉很多錢財。

太損耗國力了。

④ 光祿大夫谷永冒着殺頭的危險勸諫漢成帝，請他把精力放在國家大事上。

巫師們說的左一套，右一套。

那就像不可能捉住的風和影子一樣。

谷永說得有道理，不能受人蒙騙！

⑤漢成帝最終聽從了谷永的意見專心於朝政。

「捕風捉影」出自東漢班固的《漢書‧郊祀志下》。這個成語的意思是風和影子都是抓不着的。比喻說話、做事沒有絲毫事實根據，或者聽信不可靠的傳聞便輕舉妄動。

知識積累

詞語天天學

近義詞 —— 道聽途說、無中生有
反義詞 —— 鐵證如山、實事求是

造句示例

· 他是一個喜歡捕風捉影、造謠生事的人。

車載斗量

① 三國時期，劉備當上了皇帝，他下令出兵討伐東吳。

> 我們一定要和魏國聯合。

> 遵命！

② 東吳派能說會道的大臣趙咨出使魏國，向魏文帝曹丕求援。

> 不，他日理萬機還手不釋卷。

> 聽說你們主公從不讀書。

③ 魏文帝想試一試趙咨，接待他時故意態度傲慢。

> 我受主公委託，來向您分析天下大勢。

④ 不管魏文帝問甚麼，趙咨都能從容地回答。

❺魏文帝十分欣賞趙咨。

「車載斗量」出自西晉陳壽的《三國志・吳志・吳主傳》。載：裝載。這個成語用來形容數量很多，不足為奇。

知識積累

詞語天天學

近義詞 —— 不可勝數、不計其數
反義詞 —— 鳳毛麟角、屈指可數

造句示例

・今年北方大旱，小麥大幅度減產，不比往年那糧食車載斗量的豐收景象。

唇亡齒寒

大王，我們要向虞國借條路通過。

❶ 春秋時期，晉獻公要壯大自己的實力、擴張地盤，他準備派兵攻打虢國。

快，給虞國送美玉和寶馬。

❷ 為了能從虞國順利借道通過，晉獻公聽從大臣們的意見，給虞國國君準備了厚禮。

虞國和虢國唇齒相依啊！

❸ 虞國大夫宮之奇很有見識，他勸虞國國君千萬別答應晉獻公的要求。

可悲啊！虞國離滅亡的日子不遠了，趕緊逃吧！

❹ 可虞國國君是個貪財的昏君，根本聽不進宮之奇的勸告。

❺沒多久，晉國消滅了虢國，歸途中滅了虞國。

「唇亡齒寒」出自春秋時期左丘明的《左傳·僖公五年》。這個成語的意思是指嘴唇沒有了，牙齒就會覺得冷。比喻雙方關係密切，相互依存。

知識積累

詞語天天學

近義詞 —— 唇齒相依、息息相關

反義詞 —— 井水不犯河水、水火不容

成語辨析

雖然「唇齒相依」和「唇亡齒寒」是近義詞，可是它們之間也有一些小小的差別。「唇齒相依」強調的是相互依存的關係，而「唇亡齒寒」強調利害與共，如果一方遭難，另一方也會被牽連。

此地無銀三百兩

❶古時候，有個叫張三的人，他攢下了三百兩銀子，心裏很高興。

該不會被人發現吧？

❷可他總怕別人偷走他的錢，所以他決定把銀子埋在屋後的牆角下。

哈，這下可以放心了！

❸張三埋好銀子還是不放心，就在牆角邊貼了一張「此地無銀三百兩」的字條。

這銀子是我的了！

❹張三的一舉一動都被隔壁的王二看見了，他挖出張三的銀子，拿回家裏藏了起來。

❺為了不讓張三懷疑他，王二寫了一張「隔壁王二不曾偷」的字條，也貼在了牆上。

「此地無銀三百兩」來自民間故事，文學家魯迅先生也曾在書中引用過。這個成語用來比喻想把一件事情隱瞞起來，結果反而暴露得更快。

知識積累

造句示例

· 小王極力說這事與他無關，可臉卻紅了，這真是此地無銀三百兩。

一起來挑錯

天翻地複（ 　　　 ） 　一愁莫展（ 　　　 ）
一股作氣（ 　　　 ） 　一諾千斤（ 　　　 ）
談笑風聲（ 　　　 ） 　濫芋充數（ 　　　 ）

（溫馨提示：如果有難度，請向詞典求助。）

答案：覆、籌、鼓；金、生、竽

大器晚成

❶三國時期，魏國有個叫崔林的人，他從小智力發育遲緩。

❷大家都認定崔林是個特別平庸的人，連親戚朋友也看不起他。

他不會有甚麼大出息。

崔林絕不是平庸低能的人。

但願如此！

❸堂兄崔琰卻有不同的看法，他認為才能大的人需要較長的時間才能成大器。

崔林品德良好，才幹卓越！

❹崔林日後果然慢慢顯露才幹。東漢末年，曹操任命他為冀州主簿。

⑤魏明帝時，崔林因為明大體，識大義，辦事公正，被封為「安陽鄉侯」。

「大器晚成」出自春秋時期李耳（老子）的《老子》。
大器：比喻大才能。這個成語的意思是能擔當大事的人，需要經過長期的鍛煉，因此成才較晚。

知識積累

那些大器晚成的名人們

姜子牙 —— 胸懷大志，勤學苦練，博學多才，但一直沒有機會為國效力，直到暮年才遇到施展才華的機會。

蘇洵 —— 北宋散文家，與其子蘇軾、蘇轍合稱「三蘇」。他專心苦讀，年近五十歲才成名。

詞語天天學

反義詞 —— 後生可畏

東山再起

❶東晉時期的謝安天資聰慧，才學過人，隱居在江寧的東山。

您才學過人，應該做官造福百姓。

❷朝廷官員幾次請謝安出來做官，他都回絕了。

請您出山相助！

❸直到當時的征西大將軍來請他當司馬，他不得已才答應。

太好了！先生今天終於肯出東山了。

我願為國家效力。

❹謝安赴任那天，很多人都來祝賀。

⑤謝安後來成為東晉的宰相。在著名的淝水之戰中,他指揮軍隊以少勝多,打了大勝仗。

「東山再起」出自唐朝房玄齡等人所著的《晉書·謝安傳》。這個成語的意思是失敗後重新興起或失勢後重新恢復地位。

知識積累

詞語天天學

近義詞 —— 重整旗鼓、捲土重來
反義詞 —— 一去不返、過眼煙雲

一起來挑錯

哀聲歎氣(　　　)　出奇治勝(　　　)
半璧江山(　　　)　不寒而粟(　　　)
蒼海一粟(　　　)　變本加力(　　　)

(溫馨提示:如果有難度,請向詞典求助。)

力:厲　粟:慄　治:制　璧:壁　蒼:滄　聲:聲

東施效顰

❶春秋時期，越國有一位漂亮的施姑娘，因為家住若耶溪西岸，所以人們叫她西施。

> 她生病了看起來也那麼美！

❷西施有胸口疼的毛病，一犯病，她就用手按住胸口，皺着眉頭。

> 西施生病時楚楚動人的樣子，太美了！

❸若耶溪東岸有個醜姑娘，名叫東施。這天，她看見生病的西施，十分羨慕。

> 怎麼突然變得怪模怪樣的？

❹東施決定學西施的樣子。她雙手按着胸口，皺着眉頭在街上走來走去。

❺東施模仿西施，結果適得其反，只好灰溜溜地回家去了。

「東施效顰」出自戰國時期莊周的《莊子・天運》。顰：
皺眉頭。這個成語用來比喻胡亂模仿，效果很壞。有
時也用來表示自謙，表示自己根底差，學別人的長處
沒學到家。

知識積累

詞語天天學

近義詞 —— 邯鄲學步
反義詞 —— 獨闢蹊徑、標新立異

西施捧月

　　西施去吳國後一直高興不起來。吳王問：「我怎麼做，你
才能開心呢？」西施說：「我想要天上的月亮，你能用手將
它捧給我看嗎？」吳王特別為難，表示做不到。西施來到池
塘邊，用手輕輕捧一捧水來到吳王面前，西施手中那一汪水
裏，真的有個圓圓的月亮。

對症下藥

❶華佗是東漢時期的名醫，他發明了麻醉藥。

我頭痛發熱。

我也頭痛發熱。

❷有一天，兩個病人一起來找華佗看病。

病情相同？

❸華佗詳細詢問兩人的病情後，給他們一人開了一服藥，兩張藥方內容不同。

你們的病一個是飲食不當引起的，一個是由風寒造成的，藥自然不一樣。

❹兩人拿着各自的藥方一比較，以為華佗開錯了方子，趕緊詢問華佗。

⑤兩人聽後心服口服，放心地回家去。服藥後兩人的病情果然好轉了。

「對症下藥」出自西晉陳壽的《三國志・魏志・華佗傳》。症：病症；下藥：用藥。這個成語的意思是醫生針對患者的病症用藥。比喻針對事物的問題所在，採取有效的措施。

知識積累

詞語天天學

近義詞 —— 因材施教、有的放矢
反義詞 —— 生搬硬套、無的放矢

造句示例

・你這次沒做好，不要沮喪，對症下藥找改進方法吧。

・他沒患感冒，你不要胡亂猜測，得找醫生對症下藥才行。

分道揚鑣

❶南北朝時，有個很有才能的人當上了洛陽令，他叫元志。

❷元志很驕傲，他看不起朝廷中某些學問不高的達官貴族。

為何不讓路？

我是洛陽的地方官，為甚麼要給你讓路？

❸有一次，元志外出遊玩。比他官職高的李彪坐着馬車從對面駛來。

我比你官大。

可你在這兒只是住戶。

❹元志和李彪爭論不休，互不相讓，他們只好去找孝文帝評理。

你們分開走，在自己的道上揚鞭策馬吧！

❺孝文帝聽了他們的話，覺得各有各的道理。

⑥兩人聽了孝文帝的話，都不好意思地離開了。

「分道揚鑣」出自《魏書·河間公齊傳》。道：道路；鑣：馬嚼子兩端露出嘴外的部分；揚鑣：驅馬向前。這個成語的意思是分路而行。比喻因志趣、目標不同而各走各的路。

知識積累

詞語天天學

近義詞 —— 一拍兩散、各奔東西
反義詞 —— 志同道合、並駕齊驅

造句示例

· 既然我們的意見分歧這麼大，那就分道揚鑣吧！

高山流水

❶春秋時期，有個著名的琴師叫俞伯牙。

聽聽大海的聲音吧！

❷俞伯牙彈琴的水平很高，但他對自己還是不滿意，於是老師帶他來到東海的蓬萊島。

但願如此

你已經學會了。

❸海鳥翻飛，濤聲入耳，伯牙情不自禁地取出琴，把大自然的美妙融入到琴聲中。

你彈得太好了！

請上船來吧。

❹有一次，俞伯牙乘船遊覽，興致來了又彈起琴來，琴聲吸引了岸邊的一個樵夫鍾子期。

你真是我的知音。

雄偉莊重像泰山，寬廣浩蕩像大海。

❺俞伯牙對他彈起讚美高山和表現奔騰流水的曲調。

「高山流水」出自戰國時期列禦寇的《列子·湯問》。
這個成語用來比喻知音難覓，也比喻樂曲高妙。

知識積累

誰是俞伯牙？

俞伯牙，春秋戰國時期晉國的上大夫，是當時著名的琴師。他擅長彈奏七弦琴，技藝非常高超，被人尊稱為「琴仙」。他的代表作品是《高山》《流水》和《水仙操》。

誰是鍾子期？

鍾子期是一個戴斗笠、披蓑衣、拿板斧的樵夫。他死後，俞伯牙認為世上已無知音，終身不再鼓琴。

功敗垂成

①公元 383 年，前秦皇帝苻堅率領近百萬大軍攻打東晉。東晉大將謝玄帶兵迎戰。

②東晉軍隊來到淝水岸邊，要求秦軍後退，以便渡河決戰。

③東晉軍隊渡河後奮力殺敵，秦軍大敗。東晉收復了北方大片失地。

④謝玄本想乘勝追擊，可他取得的重大勝利引起了一些人的妒忌。

眼看就能勝利啊！

❺謝玄收到撤軍的命令，不禁悲憤交加。兩年後謝玄因病去世了。

「功敗垂成」出自唐朝房玄齡等人所著的《晉書·謝玄傳》。功：功業；垂：接近。這個成語用來比喻事情在將要成功的時候遭到失敗。

知識積累

詞語天天學

近義詞 —— 功虧一簣、前功盡棄
反義詞 —— 大功告成、功成名就

淝水之戰

人多就能打勝仗嗎？這可不一定，淝水之戰就是中國歷史上著名的以少勝多的例子。這是一場決定性戰役，前秦失敗後，國家也因此衰敗滅亡。

功虧一簣

❶從前，有個村子的人要在荒原上造一座高山。

> 要多久才能完工？

> 快了！快了！

❷村子裏的人每天挑着石頭和泥土往荒原上堆，山一天天高起來。

> 唉！累死了！

❸時間長了，有的人開始躲在家裏偷懶，有的人乾脆忙自己的事去了。

> 就差一點點了。

❹眼看着山快要完工了，可就是沒人願意再往山上添一筐土。

⑤到最後，山沒有造好，大家的功夫白費了。

「功虧一簣」出自戰國時期孔子的《尚書·旅獒》。功：所做的事情；虧：缺少；簣：盛土的筐子。這個成語用來比喻一件大事只差最後一點人力物力而不能成功，含憐惜的意思。

知識積累

詞語天天學

近義詞 —— 功敗垂成、前功盡棄
反義詞 —— 善始善終、大功告成

造句示例

· 我們做事情一定要持之以恆，否則終會功虧一簣。
· 這個實驗進入了最後階段，我們更要小心謹慎，任何疏忽都可能導致功虧一簣。

瓜田李下

❶ 從前有個書生外出探望朋友，他經過一片瓜田時，不小心把鞋掉到了瓜田裏。

❷ 書生怕別人疑心他偷瓜，所以沒敢去撿鞋，而是光着腳丫走開了。

❸ 走了一程，書生來到一棵李子樹下。

❹ 他起身時，髮帶被樹枝掛歪了，他怕別人疑心他偷李子，不敢舉手去頭上整理。

⑤書生狼狼地走開了，大家開懷大笑，可沒人懷疑他。

「瓜田李下」出自三國時期曹植的《君子行》。這個成語的意思是指正人君子要主動遠離一些有爭議的人和事，避免引起不必要的嫌疑。

知識積累

清廉太守

北齊時期有個太守叫袁聿修，他為官清廉，公私分明。有一次他去兗州考察，當地的老朋友邢邵送他一匹當地生產的白色絲綢。袁聿修很為難：不收，怕老朋友不高興；收了，又怕留下不必要的嫌疑。他考慮再三，拒絕了朋友的好意，他說：「你的心意我領了，但白綢我不能收，只有這樣，才能避免瓜田李下之嫌。」

濫竽充數

讓會吹竽的人都參加樂隊。

①戰國時期，齊宣王喜歡聽用竽吹奏的音樂。有一年，他想徵集一支三百人的大樂隊。

正愁沒三百人呢！

我是吹竽的能手。

②南郭先生聽到這個消息，帶了一隻竽來了。其實他並不會吹竽。

③每當樂隊合奏時，南郭先生就搖頭晃腦，裝出一副吹奏的樣子。混了好幾年竟沒人發現。

你們一個一個單獨吹給我聽！

啊？

④後來齊宣王死了，他的兒子齊湣王繼位。齊湣王也喜歡聽竽，但他喜歡聽獨奏。

還等甚麼，趕緊溜吧！

⑤眼看就要露餡，南郭先生趁夜捲起行李逃走了。

「濫竽充數」出自戰國時期韓非的《韓非子・內儲說上》。這個成語的意思是不會吹竽的人混在吹竽的隊伍裏充數。比喻沒有真正的才幹，卻混在行家裏面充數，或拿不好的東西混在好的東西裏面充數。

知識積累

詞語天天學

近義詞 —— 魚目混珠、渾水摸魚
反義詞 —— 貨真價實、名副其實

造句示例

・學習不能濫竽充數，不能不懂裝懂，只有努力才能進步。

狼狽為奸

❶相傳，狼和狽長得很像，只不過狼的前腿長、後腿短，狽則前腿短、後腿長。

> 羊圈又高又堅固。

> 我來想個辦法。

❷狽每次出去都把前腿搭在狼的後腿上才能行動。這天牠們來到羊圈外。

> 因為我前腿長，你後腿長呀。

> 好主意！

❸狼眼珠子一轉，立馬想到一個好主意，牠讓狽把自己馱起來。

> 我抓到羊了！

❹狽真的用兩條長後腿直立起來，狼用前腳順利攀住了羊圈。

⑤從那以後，狼和狽經常聯合起來去偷村民的羊。

「狼狽為奸」出自清朝吳趼人的《二十年目睹之怪現狀》。這個成語用來比喻壞人之間互相勾結幹壞事。

知識積累

詞語天天學

近義詞 —— 蛇鼠一窩
反義詞 —— 志同道合

成語我來說

蛇是老鼠的天敵，牠怎麼會和老鼠住一個窩呢？因為蛇不會打地洞，所以常常住在老鼠的洞裏。而且，蛇與老鼠都沒有太好的名聲，所以人們就用「蛇鼠一窩」來形容壞人勾結在一起，串通一氣。

兩袖清風

① 明代著名詩人于謙博學多才，二十多歲就考取進士做了官。

② 于謙當官時做了很多實事，政績突出，皇帝很賞識他。

朕命你為巡撫。

③ 于謙的衣食住行十分儉樸。因為他同情人民疾苦，所以深得百姓愛戴。

他真是我們的好父母官！

④ 于謙從外地回京城時，有人建議他帶些地方特產去送人，以聯絡感情。

帶些特產送給京城的官員吧。

不帶，不帶。

清風兩袖朝天去，
免得閭閻話短長。

❺回到京城後，于謙寫了一首詩《入京》，表達對貪官污吏的不滿。

「兩袖清風」出自明朝于謙的《七絕·入京》。這個成語的意思是兩袖中除清風外，別無他物。比喻做官廉潔。

知識積累

清廉的于謙

　　于謙是明代有名的清官，深得百姓愛戴。他有一年過生日，門口送禮的人絡繹不絕。于謙叮囑管家，一概不收壽禮。不多久，有個自稱「黎民」的人送來了一盆萬年青，還讓管家帶去一首詩：「萬年青草表情義，長駐山澗心相關。百姓常盼草常青，永為黎民除貪官。」于謙鄭重地接過那盆萬年青，高聲詠道：「于某留作萬年鏡，為官當學萬年青。」

臨渴掘井

❶春秋時期，魯國經常內亂，魯國國君魯昭公不善於治國，丟掉了王位。

❷魯昭公逃到齊國，請求齊景公收留他。齊景公很疑惑。

❸齊景公覺得魯昭公已經認識到自己的錯誤，或許回魯國還能成為一個賢良的國君。

❹一天，齊景公問宰相晏子對此事有甚麼看法。

⑤齊景公覺得晏子的話很有道理，一時沉默不言。

「臨渴掘井」出自《黃帝內經‧素問‧四氣調神大論》。臨：到；掘：挖。這個成語用來比喻平時沒有準備，事到臨頭才着急想辦法。

知識積累

詞語天天學

近義詞 —— 臨陣磨槍、臨時抱佛腳
反義詞 —— 有備無患、常備不懈

造句示例

‧ 與其臨渴掘井，亂成一團，不如早做準備，可以按部就班慢慢來。

‧ 小丁平時不好好學習，要考試了才臨時抱佛腳，這種臨渴掘井的方法能解決問題嗎？

柳暗花明

❶陸游是南宋時期的愛國詩人，他在老家紹興閒居的時候，每天靠讀書打發時間。

甚麼時候才是盡頭啊？

❷四月的一天，陽光明媚，陸游去西山遊玩。他過了一重山又一重山。

這裏居然有人家。

❸走着走着，突然，前面的山谷裏出現了一個小村莊。

歡迎你來做客！

❹陸游興致勃勃地走進山谷，來到了那綠樹成蔭的小村莊。

⑤後來陸游在詩裏寫道：「柳暗花明又一村。」

「柳暗花明」出自南宋陸游的《遊山西村》。這個成語
形容柳樹成蔭、繁花似錦的春天景象。比喻在困難中
遇到轉機，由逆境轉變為充滿希望的順境。

知識積累

古人送別時為甚麼喜歡送柳條

在我國古代，親朋好友一旦分離，送行的人總要折一枝
柳條贈給遠行者。這是以前一種民間習俗，尤其是在文人墨
客中，這算是一種時尚。因為「柳」與「留」諧音，可以表
示挽留的意思；也有一種說法，送柳條是對友人「春常在」
的美好祝願，希望對方到新的地方，能很快地生根發芽。

洛陽紙貴

❶晉代著名的文學家左思小時候很調皮，父親有些苦惱。

❷後來，左思刻苦學習。他讀到了《兩都賦》和《西京賦》，很受啟發。

❸他收集了三國時期有關魏、蜀、吳三國首都的大量資料，開始構思《三都賦》。

❹左思花了整整十年，終於完成了《三都賦》。這篇文章得到了人們的好評。

❺大家爭着買紙抄寫《三都賦》，洛陽的紙頓時供不應求，價格比之前貴了好幾倍。

「洛陽紙貴」出自唐朝房玄齡等人所著的《晉書·左思傳》。貴：貴重，昂貴。這個成語的意思是洛陽的紙供不應求，貨缺所以價格貴。現在比喻作品為人們所重視，風行一時，流傳很廣。

知識積累

潘安和左思的故事

潘安，西晉時期文學家，他被稱為史上最美的男人之一。傳說他走在洛陽道上，女子們都圍在他身邊看他。同時代的另一個名人左思長相奇醜，有一天他效仿潘安，也在洛陽道上走。結果，大家鄙夷地斜視他。然而，這個其貌不揚的左思才華橫溢，他寫完《三都賦》之後，一時間洛陽的富貴人家競相傳抄，導致「洛陽紙貴」。

名正言順

① 春秋時期，孔子出任魯國的最高司法官，他推行禮儀教育。魯國的社會風氣一時間變化很大。

> 如果您這樣，百姓也效仿，社會風氣就會變壞。

> 不至於吧！

② 可後來，魯國國君沉迷於歌舞，不依禮法行事了。

> 老師，從長計議。

③ 孔子特別灰心失望，滿面愁容。於是，他帶着學生離開了魯國。

> 衛國正需要您這樣的人才。

> 願意效力。

④ 孔子一行人來到衛國。衛國國君十分歡迎他們，以優厚的俸祿請孔子留下。

❺孔子認為要在衞國實現禮樂、刑罰，首先要有正當的名義。

「名正言順」出自《論語・子路》。這個成語的意思是名義正當，道理也講得通。

知識積累

草與秧苗

　　孔子東遊，見田地裏放着農具，卻不見農夫。於是，孔子拾起鋤頭，費力地鋤起一片雜草來。不一會兒，農夫回來了，他大怒：「你為甚麼鏟掉我的秧苗？」孔子感到很奇怪，指着雜草說：「我明明是在幫你鋤草啊。」沒想到農夫更加惱火：「我種的就是餵馬的草啊！」

門庭若市

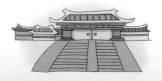

❶戰國時期，齊國有一位大夫叫鄒忌，他長相英俊，而且聰明機智。

說我好話的人各有用意和出發點。

❷鄒忌發現身邊的人總對他說些恭維話，於是他把自己的感受說給齊威王聽。

敢提意見的人，一律有賞。

好！

❸鄒忌勸齊威王多聽取批評意見，齊威王覺得鄒忌說的很在理。

大王，我有話要說。

我也有！

❹過不久，大小官員紛紛向齊威王提出意見和勸告。

⑤一時間，王宮門前車水馬龍，像集市一樣熱鬧。

「門庭若市」出自西漢劉向等人所著的《戰國策·齊策一》。門：家門；庭：庭院；若：好像；市：集市。這個成語的意思是指門口和庭院裏熱鬧得像市場一樣，形容交際來往的人很多。

知識積累

詞語天天學

近義詞 —— 車水馬龍、人山人海
反義詞 —— 門可羅雀、門庭冷落

造句示例

· 自從開業以來，上海迪士尼樂園一直門庭若市，遊人如織。

孟母三遷

❶孟子小時候住在墓地附近，他很快學會了祭拜之事。

> 兒啊，此處是我們的新家。

> 好的，母親。

❷孟母覺得這個環境不適合孩子成長，就帶着孟子搬到市集附近。

> 母親，又要搬家？

> 沒錯！

❸沒多久，孟母發現孟子又和鄰居的小孩學起了殺豬和做生意。孟母十分憂慮。

> 這裏才適合孩子呀！

❹後來，孟母帶着孟子搬到了學校附近。孟子很快學會了禮節，還和學生一起唸書學習。

⑤於是，孟子和母親在這裏定居下來。

「孟母三遷」出自西漢劉向的《列女傳》，《三字經》裏也說：「昔孟母，擇鄰處。」這個成語的意思是孟子的母親為了使孩子擁有一個好的教育環境，曾多次搬家。現在比喻父母用心良苦，竭盡全力培養孩子。

知識積累

造句示例

· 孟母三遷的故事，讓我感受到母愛是多麼無私，多麼偉大。

一起來挑錯

光明真大（　　　）　　不可生數（　　　）
一取不返（　　　）　　混水摸魚（　　　）
瓜田梨下（　　　）　　對正下藥（　　　）

（溫馨提示：如果有難度，請向詞典求助。）

答案：正；勝；渾；數；去；症

名落孫山

① 宋朝時期，有一個叫孫山的讀書人，家人對他抱有很大的希望。

② 有一年，科舉考試要開考了，孫山帶着同鄉的兒子一起去參加考試。

「好的。」

「請你帶我兒子去參加考試。」

「我考上了！」

③ 結果，孫山考上了，不過他的名字排在榜單的最後一個。

「我兒子考上了嗎？」

④ 他回到家鄉，鄉鄰們都來看他，那個同鄉向他打聽自己兒子的情況。

解名盡處是孫山，
賢郎更在孫山外。

❺孫山巧妙地回答了同鄉。孫山已是最後一名，排在他後面肯定是落榜了。鄉鄰們都明白了。

「名落孫山」出自南宋范公偁的《過庭錄》。落：落後；孫山：宋朝的一位才子。這個成語的意思是指名字排在榜單最後一名「孫山」的後面。比喻應考不中或選拔時落選。

知識積累

詞語天天學

近義詞 —— 一敗塗地
反義詞 —— 名列前茅

造句示例

· 她初次出馬就順利通過了考試，而與她一同應考的人中有三分之一卻名落孫山。

· 我一定要好好考試，爭取不名落孫山。

畫說經典：
孩子必讀的成語故事 上

責任編輯　楊　歌
版式設計　明　志
封面設計　李洛霖
排　　版　時　潔
印　　務　劉漢舉

出版
中華教育
香港北角英皇道 499 號北角工業大廈 1 樓 B
電話：（852）2137 2338　傳真：（852）2713 8202
電子郵件：Info@chunghwabook.com.hk
網址：http://www.chunghwabook.com.hk

發行
香港聯合書刊物流有限公司
香港新界大埔汀麗路 36 號
中華商務印刷大廈 3 字樓
電話：（852）2150 2100　傳真：（852）2407 3062
電子郵件：info@suplogistics.com.hk

印刷
美雅印刷製本有限公司
香港觀塘榮業街六號海濱工業大廈四樓 A 室

版次
2020 年 2 月第 1 版第 1 次印刷
©2020 中華教育

規格
32 開（195mm x 140mm）

ISBN
978-988-8674-87-9